U0052261

鸚鵡的肢體語言超好懂！

Ebisu Bird Clinic MAI
濱本麻衣〔監修〕

凡賽爾賽鴿寵物鳥醫院院長
李照陽〔中文版審定〕

彭春美〔譯〕

漢欣文化事業有限公司
Han Shin Cultural Enterprise Co., Ltd.

因為我們非常相親相愛啊！

鸚鵡心裡在想什麼沒人知道？
哪有這回事！

真Happy！

可惡的傢伙！

表情、姿勢、叫聲……
我們會用整個身體
來傳達心情喲！

那是什麼？

來玩嘛來玩嘛！

嚇一跳！

希望你能多加傾聽
語言豐富的我們
心裡想說的話吧！

好——準備開始囉！

那麼，

就要開始了！

充分休息後準備就緒。

各個部位都伸展一下……

接著就要大玩特玩囉！

打開翅膀進行伸展

意思是…

在遊戲開始之前所做的伸展是熱身運動。就如同我們人類在運動前也會做伸展操一樣，鸚鵡會依序伸展兩腳和雙翼，稱為「開始行動」。這個時候的鸚鵡心中沒有恐懼或不安，而是打從內心感到放鬆。由於身心都處於滿足的狀態，而有「準備開始了！」的積極心情。如果想要和牠一起玩，不妨看準這個行為出現的時機。因為專注力和好奇心都提高了，所以也是學習才藝或說話等新事物的大好機會。

另一方面，漠視牠想休息的要求而讓牠出籠時，也可能會出現相同的行為，不過這個時候卻是「差不多可以讓我回去了吧？」的消極心情。這時可不要誤以為牠正充滿幹勁哪！

你是什麼東西？

想要

更加瞧個仔細！

6

是可以交朋友的對象嗎？
一定要像這樣瞧個仔細
才能判斷呢！

稍微歪著頭注視

意思是…

　　這是想要慢慢觀察初次會面的人，或是初次看到的玩具或在意的東西時，所採取的動作。

　　由於鳥類的眼睛長在臉的側面，所以兩眼能夠看到的範圍比人類狹窄。不過，不管是深度還是寬度，牠們的焦距能對準的範圍都比我們還要寬廣，所以就算使用單眼視物，仍然能夠正確地掌握距離和形狀。當鸚鵡想要看仔細時，就會稍微歪著脖子，單眼朝向對象物，對準焦距並慢慢觀察。

　　這個時候的心情，就要看鸚鵡的性格來決定了。如果不是膽怯型，就會有「那是什麼呢？」、「是好玩的東西嗎？」這種興奮期待的心情；如果是敏感的個性，則是「不弄清楚是什麼東西就安不下心……」這種交雜著些微緊張的狀態。

嗯——嗯——

等一下，
人家現在
正在思考　啦！

猜玩具的訓練。

是這個？還是這個？

哪個才是正確答案呢？

歪著頭

意思是…

　　當鸚鵡以益智玩具在玩遊戲時，或是正在訓練學習新才藝時，就會歪著頭好像我們人在解難題時會歪著頭思考一樣。該怎麼做才好呢？哪個才是正確答案呢？牠小小的腦袋正全速運轉，絞盡腦汁地思考著。

　　飼主在一旁看著，雖然忍不住會想出手相助，不過且慢，因為鸚鵡是充滿了知性好奇心和挑戰精神的動物，即使是玩遊戲也經常會尋求變化和刺激。他們非常喜歡難度適中又不會輕易達成的玩具和遊戲；就連令人焦躁的思考過程，對鸚鵡來說也都是極大的愉悅。在如此幸福的時刻，插手告訴牠正確答案就太多餘了。請靜靜地守護牠吧！

一下子後仰，一下子前屈。到底是什麼心情？

多麼快樂呀！

興高采烈，雀躍不已。

你看，我是這麼的高興喲！

上下左右搖擺地跳舞

意思是…

　　鸚鵡在心情充滿快樂時會出現這樣熱情的舞蹈，這個行為也有對同伴顯示喜悅心情的目的。對於擁有團體生活習性的鸚鵡來說，「和同伴在一起」比什麼都重要。牠們不只是在同一個場所，還可以藉由共有感情這件事，來獲得極大的安心感。飼主如果也模仿跳舞給牠看，鸚鵡一定會非常高興。

很厲害吧！

注意看這邊！
我也會這麼厲害的把戲哦！

頭下腳上地倒吊

意思是…

鸚鵡非常喜歡受人矚目。當牠做出奇怪的行為時，如果飼主有「好厲害！」的反應，牠就會高興地一再反覆進行。若是自己厭膩了，也可能會編出新的姿勢，「瞧！我還會做這個動作喲！」地獻寶。尤其是像倒吊之類的特技動作，更是生性活潑愛玩的南美原產鸚鵡的擅長表演。

啊～

好閒哪……

無聊死了。

喂！要不要來玩一下？

用一隻腳慢慢地搔撓頸部或下顎

意思是…

這是鸚鵡無事可做、覺得無聊、無法打發空閒時間的狀態。是在表示「好想玩哦！」、「要不要逗我玩？」地邀請你。當牠真的覺得癢的時候，會動作迅速地抓個幾下，但若是出自於無聊的行為，就會以茫然的表情慢慢地搔撓。也可能會一邊看向飼主，好像有話想說般地搔撓。請應牠所求地跟牠玩吧！

嗯？這是什麼？
好好玩哦！

啊、啊、啊——

會發出奇怪的聲音，好好玩哦！

對著杯內鳴叫

意思是…

當自己的聲音在杯中發出回音，聽起來和平常的聲音不同時，鸚鵡會覺得非常好玩而持續「啊、啊、啊—」發出聲音。愛玩的鸚鵡，總是在尋求新的遊戲。這應該是牠在往杯內窺探時發出了聲音，偶然發現這個現象而覺得很有趣吧！鸚鵡喜歡的遊戲，有很多都是像這樣在生活中偶然發現的。

因為待在這裡，就會有好事發生嘛！

會有人撫摸我或是跟我玩，
真是個快樂的地方呢！

乘坐在人的手上

意思是…

這是鸚鵡不覺得人手可怕的證明。讓牠從籠子裡面出來或是玩耍，慢慢累積乘坐在人手上就有好事發生的經驗，牠就會認為那是個快樂又舒服的場所。只不過，鸚鵡會以自己的心情為優先來採取行動，如果牠沒心情時就不會想乘坐。硬是強迫的話可能會讓牠變得討厭手，所以還是尊重牠的心情吧！

發現朋友！一起來玩吧！

你好會玩模仿遊戲，

我們似乎很合得來呢！

對鏡中的對象感到興趣

鸚鵡未必會知道映在鏡中的就是自己，也可能以為是其他的鳥兒。看著鏡子對牠說話或是用鳥喙碰觸，是想要跟對方進行交流的意思。很高興對方能和自己做出相同的動作，想跟牠成為好朋友。

好感一旦升級，可能會導致發情。如果感情過度高漲，還是不要讓牠照鏡子吧！

興奮吵鬧

要來玩什麼呢！？

等待已久的放鳥時間！
人家已經在喜歡的地方Stand by了。
今天要玩什麼呢？
我可是再也無法等下去了喲！

往左往右來來去去

意思是…

　　如果是在遊戲前出現這個行為，就是對接著即將發生的快樂事情充滿期待的狀態。心情高興到幾乎一刻都靜不下來，就連飼主想將牠從籠子裡放出來而走近時，也可能會在棲木上面同樣地來來去去。對於自己能出籠這件事感到非常高興，是興奮不已、坐立難安的心情。

　　另一方面，如果是帶往陌生場所時出現該行為，這時的心境就和快樂的心情完全無關了。這是因為不安和壓力導致反覆做出相同行動的「刻板行為」的一種。由於很難做分辨，還是以當時的狀況還有鸚鵡的表情來判斷吧！

啊啊～
好舒服。

為什麼一撫摸牠就會閉上眼睛？

再多摸一下～

對對對，就是那裡。

你簡直是按摩達人，

我真的太愛你了。

可以再多摸一下哦！

一撫摸牠就會忘我地閉上眼睛

意思是…

　　似乎很愉快地瞇著眼睛，或是忘我地閉上眼睛的行為，不只會出現在受到撫摸的時候，感情融洽的鳥兒互相整理羽毛時也會出現同樣的表情。對鸚鵡來說，同伴間互相理毛的行為，目的不單只是整理羽毛而已，也有加深關係互相確認愛情的含義。被飼主撫摸這件事，就如同讓同伴理毛一樣，不但很舒服，也可以感受到來自飼主的愛護，讓鸚鵡充滿幸福的心情。

　　撫摸時，鸚鵡可能會因為太舒服而半開著嘴巴，或是蓬鬆地鼓起羽毛。頭部、臉頰、嘴邊、腋下等，請找出鸚鵡喜歡的部位，輕輕地撫摸牠吧！

人家想睡了……

肚子填飽了，

安心安全又放鬆。

舒舒服服的，

就漸漸想要睡覺了呢！

鼓起身體的羽毛（之1）

意思是…

　　如果像照片一樣眼睛也顯得睡眼惺忪的話，很明顯地就是想睡了。野生的鳥兒也會在白天假寐，而被人飼養的鸚鵡，可能是因為配合人的生活節奏、經常晚睡的緣故，更在白天睡覺的傾向。

　　此外，鳥兒讓羽毛鼓起，也可能是想要多保留一些空氣，提高保溫效果的關係。所以，有很多飼主會擔心鸚鵡是不是覺得寒冷或是身體不適，其實，只要牠像平常一樣活潑玩耍，體重和食慾也沒有變化，就不需要這麼擔心。若是清醒時也將羽毛鼓起，顯得比平常還缺少活力的話，請帶往動物醫院接受診療。

高興！快樂！超興奮～！

和最喜愛的同伴共享快樂的時光。

高興得不得了。

鼓起身體的羽毛（之2）

意思是…

　　這是和最喜愛的對象共度快樂時光，內心雀躍不已的狀態；或是和親愛的飼主一同遊戲的一個畫面。當飼主將手露出給鸚鵡看時，牠就會將羽毛鼓的圓圓的靠過來，表示極大的喜悅和昂揚，而且還會配合心情的高漲，反覆地將羽毛鼓起或是恢復原狀。

有點靜不下心呢……

這裡有陌生人，
是敵人？還是朋友？

鼓起身體的羽毛（之３）

意思是…

　　當鸚鵡面對初次見面的訪客時，會將羽毛蓬鬆地鼓起，這個時候，牠是處在微微感到緊張的狀態，並不是害怕，而是「來者何人？沒問題吧？」地在窺探情況。大略觀察後，一旦知道沒有危害了，心情就會逐漸安穩下來。如果想跟牠一起玩，請等牠靜下心後再開始吧！

愛你唷！

嗶囉囉、嗶囉囉…♪

我最喜歡你了。

「嗶囉囉、嗶囉囉」地鳴叫

意思是…

　　以美麗的聲音如唱歌般「嗶囉囉、嗶囉囉」地鳴叫，是雄鳥送給雌鳥的愛的呼喚。這是想要吸引雌鳥，或是主張地盤的「鳥囀」的一種。因為是要經過學習才會的叫聲，所以有些鳥兒擅長，也有些鳥兒不擅長。當牠和飼主一起玩的時候，或是受到撫摸的時候，同樣地也可能會像這樣呢喃著愛語。

嘿咻！

休息一下。

用單腳站立

　　這是鸚鵡正在「休息一下」的模樣，就像人在休息時會翹腳一樣。是心情安穩悠閒自在時會出現的行為。有時睡覺的時候，或閉著眼睛打瞌睡的時候，也可能會採取這個姿勢。

　　另外，如果室溫比平常低出許多，顯得缺乏活力的話，鸚鵡也會因為覺得寒冷，想要保暖的關係而用單腳站立。

興趣濃厚！

很讓人在意哪！

全身變得細長（之1）

意思是…

用新玩具遊戲時或是發現什麼刺激好玩的東西時，心情昂揚，像要伸長脖子般地將全身變得細長。這是鸚鵡對於該物體或該現象「什麼？我想要再瞧個仔細！」地充滿興趣的狀態。和人在遇到驚喜時會微帶興奮地伸長脖子的情況非常相似。

總覺得 討厭……

啊啊～真緊張。

好想逃到別的地方去哩……

全身變得細長（之２）

　　當眼前出現陌生的物品或人，讓鸚鵡感到不安和緊張時，全身的羽毛就會一下子緊縮而變細。這是「這種狀況真討厭」、「好想逃走」等心情的表現。常見於個性敏感、膽小的鸚鵡身上。表情也會改變。眼睛會不安地睜大直視，如果有冠羽的話，就會因為害怕和焦躁而豎起來。

最喜歡你了～

人家也是～

愛與被愛的喜悅。

最喜歡你了，

喜歡得不得了！

鳥喙互相碰觸

意思是…

　　這是和最喜歡的伴侶互相碰觸，交換愛情的行為。

　　對鳥類來説，鳥喙是非常重要的器官。不只是呼吸和進食等做為嘴巴的作用，還有持物和啄咬等有如人類雙手的功能。因為可以從鳥喙和舌頭的觸感獲得味道等各式各樣的情報來進行判斷，因此是感覺非常敏銳的部分。

　　讓如此重要的鳥喙互相碰觸，就有如戀人間的接吻一般，可以互相刺激彼此感覺舒服的部位，確認愛情。

　　就算對象是人也一樣，如果是和飼主關係良好的鸚鵡，當撫摸牠的鳥喙周邊時，就會讓牠感到很舒服地充滿喜悅。

預備備～

丟！！

哇！掉下去了！

…幫我撿？

看！玩具掉到地上了！

很好玩吧？

幫人家撿起來嘛！快點快點。

丟下玩具後張望

意思是…

以為牠正在或啣或啄地玩著玩具，結果卻是帶到桌邊後往下一丟，然後一動也不動地探頭張望；幫牠撿起來後，卻又再次往下丟然後張望。「到底想幹什麼？為什麼不自己撿呢？」——大概有很多飼主都覺得很奇怪吧！

這個時候的鸚鵡，對於丟下玩具這件事是感到非常愉快的，在探頭張望且樂在其中的同時，也是在對旁邊的飼主提出「幫我撿起來」的要求。正處於「你看，掉下去了喲！你也來參加這個好玩的遊戲吧！」的邀請狀態。這是來白於鸚鵡喜歡和同伴一起行動的習性，希望能共享好玩的遊戲。請積極地幫牠撿起來，滿足牠的玩心吧！

安心安心～

我相信你不會做出
我討厭的事啦！

變成仰躺的姿勢

意思是…

　　對於所有的生物來說，在野生狀態下，露出重要部位的腹部是非常危險的行為，所以在本能上是不喜歡仰躺的。但鸚鵡在飼主的手掌上仰躺後靜止不動，是對飼主的信賴和此時此處沒有危險的安心感的表現。當打從內心感到安心時，也有些鸚鵡會以仰躺的狀態睡覺。

是我喜歡的類型哩！

哎呀！好漂亮。

人家好像喜歡上了呢！

對人的指甲充滿興趣

意思是…

　　或許是人的指甲和鳥喙的質地相似的緣故，很容易成為鸚鵡感興趣的對象。當牠喜歡你指甲的時候，就會如同鸚鵡彼此親吻般地輕輕碰觸；如果不喜歡就會成為攻擊的對象。此外，塗上指甲油的指甲對鸚鵡來說有如「新面孔」，視其好惡，可能是「哎呀！好漂亮！」，也可能會變成「可疑的傢伙！」。

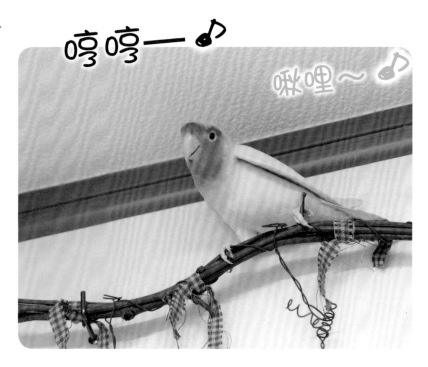

哼哼一♪

啾哩～♪

待在喜歡的場所，心情大好。

來用鼻子哼唱一下吧！

宛如歌唱般愉快地鳴叫

意思是…

　　如歌唱般快樂地鳴叫，是表示沒有不平和不滿、心情很好的狀態。就如同我們會用鼻子哼著歌一樣。當牠待在喜歡的場所或是正在玩遊戲時，就會以愉快的心情哼唱。

　　這個時候的鸚鵡，表情是開朗安詳的，看起來非常快樂。和牠一起歌唱，應該會讓牠更加高興吧！

討厭，嚇死人了！

嗶！

剛剛是什麼？什麼聲音？

好可怕哦！很不安哪～

意思是…

小聲地發出「嗶！」之類的聲音

當聽到不慣的聲音、看到可疑的東西或是對某事物感到強烈的不安時，就可能會小聲地發出「嗶！」的聲音。鸚鵡有非常膽小的一面，即使是在我們看來微不足道的事情，牠也會打從心底感到害怕。發出這樣的叫聲時，是壓力相當大的狀態。請查明牠害怕的原因，幫牠消除吧！

35

人家想要你帶我去嘛！

不動～

人家想去那邊，

你要不要也一起來？

想要人帶牠走

意思是…

　　當鸚鵡交互看著想要前去的方向和飼主，顯得坐立難安時；只要飼主一伸出手，就擺出一副「早就在等了！」的樣子乘坐上來。其實，牠是在期待飼主體會自己的心情，帶牠過去。牠之所以不自己飛行移動，是因為希望飼主也能跟牠一起去，這是源自於希望能和同伴共同展開行動的行為之一。

來玩嘛來玩嘛！

興高采烈的快樂心情。

一起來玩吧！

稍微抬起翅膀地跳舞

意思是…

讓翅膀稍微抬離身體然後左右搖擺，是心情愉快時才會出現的舞蹈。這時的鸚鵡正用全身表現滿足又愉快的心情。

此舞蹈也是對同居鸚鵡或飼主等同伴的召喚，所以看見牠出現此行動後，如果能與牠同樂，鸚鵡就會覺得能夠共同擁有快樂心情而更加喜悅。

人家也想參與談話啦！

吃飯囉！

有人在嗎？

大家都在聊什麼呢？

瞧，我也會說喲！

人家也想加入談話中哪！

說人的語言

意思是…

　　對於被人飼養的鸚鵡來說，一起生活的飼主和家人就是「群體的同伴」。一旦理解人的說話聲和語言是該群體的溝通手段，牠就會希望自己也能發出相同的聲音，因而會努力去嘗試。除了擁有天生的挑戰精神，學習語言對鸚鵡來說也是一種很有價值的快樂作業。當牠有段落般地輕聲鳥囀時，就是正在自我練習，以便學會新的語言。如果說出學會的語言後能夠受到飼主的稱讚，牠的反應就會非常高興，然後更有幹勁地學習說話。

　　此外，鸚鵡的鳥囀基本上是雄鳥用來追求雌鳥的求愛行為，所以一般認為雄鳥比較常發出聲音，也比較容易學會說話。

我比較偉大呀！

待在高處

代表比較偉大呀！

看，這裡你到不了吧？

如我所願，心情真好～

想要停留在高處

意思是…

　　鸚鵡在野生狀態下會受到猛禽類等外敵從上方狙擊，為了保護自己，待在高處是很重要的。因為有這樣的想法，所以本能地就會衍生出「待在高處比較偉大」的意識。

　　也因此，和人一起生活的鸚鵡也會有偏愛高處的傾向。而且，如果停在棚架上或窗簾桿、壁鐘等上面，飼主也無法輕易就抓牠回來。對鸚鵡來說，高處是可以讓牠任意行動的「方便場所」，不想下來也是理所當然的。

　　但是一直待在高處的話，可能會變得藐視飼主，出現任性或是攻擊的態度。還是教導牠下來一起玩的樂趣吧！

貼心專欄 **1**

鸚鵡的身體特徵是？
和人類有哪裡不同？如何不同呢？

鸚鵡的感情表現和感覺，都和人類有很大的不同。想要解讀鸚鵡的行為、了解牠的心情，事先知道這些特徵和差異將成為極大的線索。

鸚鵡和人類的最大不同，就在於「能在空中飛行」這件事。為了飛行，鸚鵡的身體進化得更加輕盈。一般認為，鳥類的表情比哺乳類更加難以理解，其實那是在尋求輕量化的過程中，失去了做出細微表情的臉部肌肉的緣故。取而代之的是牠們會利用鳴叫聲和全身的動作來相互溝通。

因為在空中生活，感覺器官的發達程度也和在地上生活的人類大相逕庭。為了儘快察覺來自上空的獵食者，牠們在視覺方面尤其發達。

鸚鵡是如何表達感情的？

因為無法做出細微的表情，所以會用整個身體來表現感情。
想要解讀牠們的感情，有3個注意重點。

眼睛的動作
從眼睛眨眼的次數或虹膜的變化、眼神等，也可以看出感情。

叫聲和歌聲
從警戒聲到愛的呼喚，會分別使用各種不同變化的叫聲。

姿勢和動作
喜悅的舞蹈或憤怒的姿勢等，會用全身來傳達感情。

鸚鵡的五感是如何運作的？

在鸚鵡的五感中，最發達的是「視覺」。
而其他的感覺也有許多跟人不同的地方。

視覺

單眼就超過180度，兩眼更擁有
300度以上的廣闊視野。此外，眼
球的構造和人類不同，可以同時
看到近處和稍遠處。

聽覺

善於正確地記憶聲音，所以連細
小的聲音也能完美地模仿。因為
沒有外耳，所以會藉由轉動頭部
來掌握聲源。

味覺

會用舌頭或口腔內的「味
蕾細胞」來感覺味道，並
依照味道和舌頭的觸感而
有不同的好惡。在幼鳥時
期已經固定的喜好，長大
之後也不容易改變。

嗅覺

由於在空中的生活很少需
要出動嗅覺，所以不太發
達。但是，牠們確實擁有
鼻腔和嗅覺細胞，因此一
般認為還是能夠感覺到氣
味的。由於對揮發性物質
有強烈的反應，所以對於
煙霧和氣味請多加注意。

觸覺

碰觸到東西的感覺，會透過羽毛傳達到皮膚，再由腦部
做出舒服或不舒服的判斷。所以全身都有感覺溫度和疼
痛的受器。

平常心

啊！嚇我一跳！！
過度驚訝，
不由得興奮起來了呢！

眼睛變成「一點」

意思是⋯

鸚鵡的眼睛，中央有瞳孔，圍繞在周圍的則是虹膜。虹膜的顏色會依鳥的種類和年齡而異。以左圖中的塞內加爾鸚鵡來說，中央的黑色部分是瞳孔，黃色部分則是虹膜。

當喜悅或憤怒、驚訝等感情高漲時，虹膜就會緊縮而使瞳孔變小，看起來就像眼睛變成一小點一樣。如果是桃面愛情鳥等虹膜近乎黑色的鳥，由於難以分辨虹膜和瞳孔的交界，就不會出現這種看似「點眼」的情況了。

瞳孔或大或小地迅速變化時，表示內心正在糾葛。「雖然有點害怕，但好像很有趣⋯⋯該怎麼辦呢？」──就像這樣，內心的動搖會表現在瞳孔上。

那邊走走

這邊晃晃

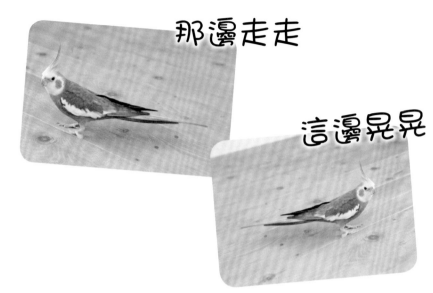

散步真快樂哪！

雖然只要有心就可以飛起來，
不過還是喜歡走來走去的。
如果碰見有趣的東西，
還可以做個觀察呢！

在家中走來走去

意思是…

　　放鳥時，鸚鵡會不飛行地在地上走來走去。或許你心裡會想：「明明是鳥為什麼不飛……」但其實鸚鵡走路並不罕見，是非常普遍的行為。即使是野生下的鸚鵡，在短距離的時候，也會在地面上用走的來移動。

　　更何況，對跟人一起生活的鸚鵡來說，室內幾乎沒有危險的天敵，也很少會有被追趕到非急忙逃走不可的狀況，因此牠可以一邊四處散步一邊探查好像很有趣的隙縫，或是試著在飼主身後追逐。對鸚鵡來說，走路可以遇見的快樂事情與比飛行時多，而且，還可以順便巡邏一下自己喜愛的場所。所以牠們經常步行，像是非洲灰鸚鵡等動作緩慢的大型鸚鵡，步行移動尤其常見。

耶──── 耶────

啊～真快樂啊！

再多跳一點吧！

動感十足地上下點頭

意思是⋯

　　和飼主玩的時候或發現快樂的遊戲，或因為某些原因而使得喜悅的感覺提高時，鸚鵡就會有節奏地上下點頭，不由自主地跳起舞來，看起來和上下左右搖擺的幸福舞蹈（p10）很相似。此時不妨配合鸚鵡的動作一起點頭，分享牠喜悅的心情吧！

48

真Happy！

快樂得不得了。

還可以擄獲眾人的目光。

在地上滾來滾去

意思是…

　　當鸚鵡興奮的時候會在地上滾來滾去，初次見到這種情形的飼主可能會大吃一驚，不過鸚鵡本身卻是非常的快樂，就如同人類的小孩大肆喧鬧、又跑又跳的情況一樣，而且這樣還能吸引飼主的目光，心情就更加愉快了。這種行為和倒吊的行為（p11），同樣都是原產於南美的鸚鵡常見的行為。

我也會發出這個聲音哦！

叮咚！

大家都會有反應，
好好玩哪！

模仿電子音

意思是…

　　很多鸚鵡都會模仿微波爐或電子鍋、洗衣機的提示音，或是門鈴聲等電子音。這或許是因為經常聽到，而且波長和鸚鵡的聲音相似，很容易發聲的緣故吧！

　　甚至，如果在模仿時飼主做出了「什麼嘛，搞錯了～」之類的反應，那就正中牠的下懷了。這樣會讓鸚鵡更加賣力地做模仿的練習。

有——！

嗶咿！

幹嘛？

有什麼好玩的事嗎？

呼喚牠後「嗶咿」地鳴叫

意思是…

　　一般認為，鸚鵡最先學會的人類語言是「自己的名字」。原因是聽到的機會最多。飼主一叫名字，鸚鵡理解是在叫自己後，就會充滿活力地回答「嗶咿」。這個時候的鸚鵡，是處於「幹嘛？有什麼好玩的事嗎？」地對即將發生的事情充滿期待的狀態。

突然對玩具展開攻擊。是怎麼回事？

吱——

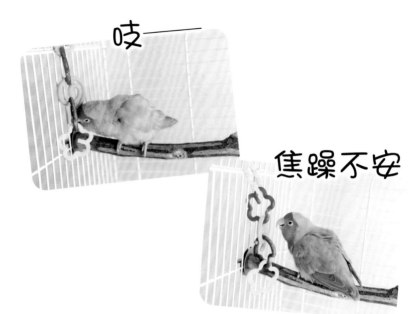

焦躁不安

氣死我了！！

發生不順心的事，
覺得焦躁不安！
將怒氣發洩在玩具身上。

突然攻擊玩具

意思是…

　　鸚鵡有非常性急的一面。若是發生不順心的事而瞬間勃然大怒時，會先對近處的東西洩憤。例如，可能會啄咬籠中的玩具或飼料盒等，對物體發洩；也可能會攻擊其他的鸚鵡，或是突然用力啄咬飼主的手或耳朵等。

　　對飼主來說，或許會覺得這樣的「遷怒」有點不講理，不過鸚鵡的脾氣有易熱易冷的特徵。就算一時氣憤地伸出鳥喙攻擊，憤怒也不會持續太久，過不久後心情就會回復，又像平常一樣地過來撒嬌了。請飼主學會高明的相處方法，當牠焦慮不安的時候就別靠近牠，靜靜地守護牠吧！

因為我們

非常

相親相愛

啊！

「最喜歡你了！」、「我也是！」

溫柔地互相梳理，

確定彼此的關係。

互相整理羽毛

意思是…

　　對鸚鵡而言，整理羽毛，是交換愛情的膚觸關係之一。牠們會用鳥喙溫柔地互相梳理頭部和頸部的毛來確認愛情，就如同人類的擁抱和握手一樣。

　　這種相親相愛的樣子，讓人看了好療癒，不過飼養複數鸚鵡是有難度的，因為和人一樣，鸚鵡也有投不投緣的情況，合不來的鸚鵡絕對不會向對方示好，會反覆發生激烈的爭吵。視飼主的態度，有時先住鳥也會對新同伴吃醋而變得具有攻擊性。此外，鸚鵡同伴間的羈絆若是過度強烈，也可能會發生和飼主原本的親密關係崩壞的情況。如果想要讓鸚鵡配對成功，最重要的是要注意牠們的投緣程度和飼養環境，因此對此應慎重地考慮。

在你身邊

就是幸福哪！

我喜歡這裡啊！
因為可以接近你，
還可以看清楚
你在做什麼事情。

乘坐在頭上或肩膀上

意思是…

　　如果是和飼主關係良好的鸚鵡，就是「希望你逗我玩」、「想要靠近看看飼主在做什麼」這樣的心境。這是想要待在喜歡的人身邊、充滿愛意的行為。另一方面，如果是和飼主的連結還不夠緊密的鸚鵡，就有可能是因為「還是有點害怕，如果是在這裡就能立刻逃走……」的理由而選擇待在頭上或肩膀上。

　　只不過，長時間待在比飼主視線高的地方，可能會基於在野生下的習性，認為「待在高處者比較偉大」（p40）而漸漸變得心高氣傲。偶爾讓牠在上面說說話或玩一玩的程度還可以，但是最好避免讓牠固定待在上面。

希望能相親相愛啊！

最喜歡你了。

幫你理毛吧！

忽而鑽進頭髮中忽而啣著頭髮

意思是…

　　就如同感情良好的鸚鵡們互相整理羽毛交換親愛之情（p54）一樣。是展現「喜歡你」這種心情的行為。請幫牠搔撓搔撓做為回禮吧！

　　另外，有時也可能會將頭髮當作鳥巢鑽進去。因為這樣容易引發過度發情，如果鸚鵡太過執著的話，最好還是避免讓牠鑽進頭髮中吧！

可以更常待在你身邊嗎？

因為是最喜歡的人，
想要一直黏著你嘛！

鑽進衣服裡面

意思是…

希望能緊緊貼著最喜歡的人。藉由黏在一起，就能感到安心和幸福。也有可能是和發情導致的伏窩行為相結合，變成「巢穴和戀人，一石二鳥！」的狀態。

此外，鑽進領口或袖子後拉扯衣服，則可能是「希望你來逗我玩」的訴求。

摸摸我嘛～

希望你摸摸我。

拜託啦～

低下頭

意思是…

　　這是在求人「摸摸我嘛～」。是與人親近的鸚鵡常見的可愛動作之一。另外，膽子較大的鸚鵡也可能會對非飼主以外的人擺出這個姿勢。這個時候就有「可以讓你稍微摸一下」的許可，或是打招呼的意義在內。但是請注意，如果是毫無節制地摸個不停，鸚鵡可能會有「不要再摸了！」地發脾氣喔！

好像很好玩呢！

你從剛剛開始都在玩什麼呢？
人家也想要摻一腳哪！

啄咬鍵盤

　　一開始操作鍵盤，鸚鵡就從旁邊窺探，一下子想將字鍵給掀開來，一下子又叩叩叩地啄咬，實在讓人有點傷腦筋。但是對鸚鵡來說，心情卻是非常愉快的。這是因為牠對飼主所做的事充滿興趣，這時的心境是「我也想參加這個好像很有趣的遊戲！」。此外，無法輕易就能掀開來的字鍵，也會搔動好奇心旺盛的鸚鵡的挑戰精神喔！

你在哪裡？

喂！過來一下！

有沒有人在呀？

意思是…

在籠子裡「嗶──嗶──」地叫

　　原本過著團體生活的鸚鵡，很不喜歡被獨自丟下。當牠聽得到飼主的聲音卻看不到人時，就會「你在哪裡？」、「到這裡來啦～」地發出「嗶──嗶──」的叫聲。這是在尋找同伴，稱為「喊叫」的叫法。

　　等牠看見飼主，或是知道飼主外出而不在附近時，就不會這樣叫了。

好──準備開始囉！

感覺超好而興奮莫名。

接下來就要開始玩了！

抖動身體

意思是…

　　鸚鵡抖動身體可能只是單純地想將塵垢等抖掉，但如果是在準備開始玩遊戲時有身體抖動的行為，就是「太好了！要玩囉！」之類興致滿滿的證明。就如同我們在面對讓人興奮的事情時，會發生「武者震（武者在與人決鬥前會興奮地發抖）」一樣。通常在牠伸展過翅膀（p4）後較常會發生這樣抖動身體的行為。

人家不想出去啦！

走開啦！

人家現在想待在籠子裡，
不想出去外面啦！
你要是強迫我可是會生氣的喔！

突然咬過來

意思是…

　　平常不會咬人的鸚鵡，突然張口咬人加以反抗，飼主可能會大受打擊吧！可是，不管是多麼與人親近、多愛飼主的鸚鵡，對於自己不期望的事，還是會清楚表達「不要」的意思。例如左邊照片中的雞尾鸚鵡，平常都會很直率地從籠中出來，應該是那時候正好沒有好心情吧！像這種看似任性的舉動，也正是鸚鵡活得隨心所欲的行為模式的特徵。

　　另外，像這樣的情況，很少是真正的動怒。從表情和冠羽的樣子來看，雖然顯得有點生氣，但只要對方作罷，鸚鵡也就不再計較了。

貼心專欄 **2**

對於鸚鵡來說，
飼主和家人是什麼樣的存在？

　　如果是從雛鳥開始飼養，對幼鳥時的鸚鵡來說，飼主就是有如「親鳥」般的存在。不過，隨著鸚鵡日漸成長，那樣的感覺也會逐漸變淡，變成「名為家人的團體中的一員」。

　　雖說如此，飼主還是能成為鸚鵡「分享愛的對象」。尤其是單隻飼養時，這種傾向更為強烈，可能會把飼主視為喜愛的對象而想要加深關係，或是視為戀愛對象而出現發情行為。

　　還有，和人一起生活的鸚鵡，並不會像狗狗一樣建立明確的上下關係。對鸚鵡來說，家人就像是全部都處於對等關係的隊友一樣。其中再一個個區分出「最喜歡的人」、「普通喜歡的人」、「無害的人」、「不用管他的人」、「會替我做事的人」等等，就像這樣，在自己心中做出定位地一起生活著。

鸚鵡喜歡什麼樣的人？

鸚鵡最喜歡「能夠察言觀色的人」。就算有愛，如果飼主的舉動
不顧鸚鵡心情的話，還是會被討厭的。

喜歡這樣的人	不喜歡這樣的人
· 讓人感覺安心輕鬆 · 了解自己想要的距離感， 　不會硬要靠過來 · 會尊重自己的心情	· 會做自己討厭的事 · 在想安靜休息的時候 　卻一直糾纏不休 · 執拗地要自己去做某些事

鸚鵡如何分辨
這個人是不是飼主？

鸚鵡重視的是以下幾點。牠們會使用五感來獲得各種情報，進行綜合性的判斷，分辨出飼主這個人。一般來說，越是大型的鸚鵡，記憶力就越好，甚至有即便過了好幾年仍然能夠記得人的面孔和聲音的案例。

相貌
從容貌到髮色、髮型、是否戴眼鏡等。

聲音・說話方式
音質、語調、對自己說話的方式。

小〇〇

服裝
飼主常穿的衣服形狀和顏色、花紋。

舉止和動作
舉手投足的習慣、走路方式、姿勢等。

體型
體型和身高等。

沾沾水後抖一抖～

嘩啦嘩啦
我最愛……

水霧降臨最棒了～

快樂又舒暢。

是不知不覺就讓人

沉醉其中的特別活動哩！

想要做水浴

意思是…

　　大部分的鸚鵡都非常喜歡水浴。水浴不只是能夠洗掉灰塵和髒污、皮屑等的身體保養作業，做為快樂遊戲的一環，也有紓解壓力的效果。

　　水浴的方法也依鸚鵡而異。有些鸚鵡會爽快地跳進專用的裝水容器中，也有些鸚鵡喜歡嘩啦嘩啦的流動水，而會飛到浴室或廚房裡。請多方嘗試，找出自家鸚鵡喜愛的方式吧！只不過，有些鳥種做水浴可能會促使發情，請注意。

　　進行水浴時的鸚鵡，就和投入其他遊戲時一樣竭盡全力又充分滿足。水浴後可能會玩累到發呆，請讓牠好好地休息吧！

水、水～！

可以做水浴了～！

我要飛進去了喲！

意思是…

飛入冰涼的飲料中

　　想飛入飼主飲料中的鸚鵡出乎意料的多。在放鳥時，只要逮住瞬間空檔就會俯衝而入！這是因為鸚鵡想做水浴想到受不了，「就算這個也好！」地不由得就跳進去的關係。

　　人喝的飲料最好不要讓鸚鵡喝到。在放鳥時，還是先把飲料藏起來吧！

哈啾！

嗶唏！

鼻子癢癢的。

是生病了嗎？

大聲地「嗶唏！」

意思是…

鸚鵡打噴嚏時會發出「嗶唏」的短音。就和人一樣，當有羽毛或灰塵進入，鼻子變得癢癢或是發炎時，就會打噴嚏。

如果是生病的話，打噴嚏後會流鼻水，使得鼻孔周圍的羽毛顯得濕濡。請仔細觀察，如果有流鼻水的模樣，就要帶往動物醫院接受診察。

討厭討厭！

這裡好可怕喲～
真想快點逃出去。

豎起冠羽

意思是…

　　容易洩漏情緒的「冠羽」。當鸚鵡害怕或生氣、驚訝、興奮等
出現激烈的情感時，就會大大地豎立起來。
　　至於到底是什麼樣的情感，要看當時的狀況和身體來做判斷。
上面照片是將容易害怕的雞尾鸚鵡放到有陌生人在場的桌上的時
候，可以看出牠的冠羽豎起，身體因為緊張而變得細長，眼神也顯
得惶惶不安。是「討厭！我想回去！」的心境。

該怎麼辦好呢⋯⋯

人家想去看看，
又覺得有點害怕⋯⋯

冠羽一下豎起一下放平

意思是⋯

　　冠羽一下豎起一下放平，顯示鸚鵡內心正搖擺不定，左右為難。「雖然有興趣，但又有點害怕⋯⋯」就像這樣懷抱著相反的感情而感到迷惘。上圖照片是有陌生人前來時，鸚鵡從籠子上方靜靜觀察的一個場面。「想要去看看，可是搞不好是敵人呢！」──就像這樣內心正處於糾葛不已的狀態。

感覺良好～

玩具我也有了，

感覺真是不錯哪！

冠羽放平

意思是…

對現狀感到滿足安心時，或是感到安穩喜悅時，冠羽就會貼合著放平。此時沒有激烈的感情動搖或不平不滿，是放鬆悠哉的時刻。和感情融洽的飼主或鸚鵡同伴快樂遊戲的時候、在籠中放鬆休息的時候等，就會經常出現這樣的表情。

哈～心情好好！

咕啾　咕啾

心情好又放鬆。

不由得自言自語了起來。

嘟嘟噥噥地細語

意思是…

　　在安閒自在的時刻，鸚鵡會嘟嘟噥噥地細語，這是因為太舒服所以不知不覺脫口而出的自言自語。就如同人在泡澡時會「呼～」地發出聲音一樣。這是無意圖發聲的「日常鳴叫」的一種。上圖照片是虎皮鸚鵡，從嘴部羽毛蓬鬆鼓起的模樣，也可以知道牠心裡正處於放鬆的狀態。

喜歡你！

因為很喜歡所以想要互相碰觸。

而且這裡也沒有像手那麼可怕。

將鳥喙靠過來

意思是…

當你把臉靠近地跟鸚鵡玩時，牠會將鳥喙抵住你的臉頰或鼻子。這是鸚鵡「我最喜歡你了！想要有更多接觸」的愛情表現。

對鸚鵡來說，人的臉頰和鼻子是比較不會和嫌惡經驗連結的部分。因為某些原因而變得討厭人手的鸚鵡，如果是用臉頰或鼻子對著牠，似乎大多就願意過來撒嬌了。

我才不相信你……

人家可不是隨隨便便給摸的。

等你讓我相信你再說吧！

意思是…

避開初次見面者的手

　　不停在初次見面的人手上，是因為鸚鵡正在警戒。原本身為獵物的鸚鵡，對於新的人事物就是非常慎重的。不管是性格多麼不怕生的鸚鵡，或多或少都有這個傾向。想要得到鸚鵡的信任，重點在於要多花一點時間。不要從一開始就強求膚觸關係，還是慢慢等待鸚鵡主動接近吧！

嚇一跳！

發生意外了！

啊！嚇我一跳！

展開尾羽

意思是…

當驚嚇或憤怒等感情高漲時，尾羽就會展開。上面照片是鸚鵡看著窗外時，正好看到宅配人員正大聲叫喚、推動手推車的瞬間。雖然還不到想要逃走的恐懼程度，卻是處在受到驚嚇、內心激烈動搖的狀態。

此外，也有可能是要讓自己看起來體型更大，好向身邊的鳥或人顯示自己的強大。

快點來玩呀！

接下來要做什麼呢？

樂過頭到靜不下來了啦！

意思是…

抬起一隻腳，坐立難安

　　飼主一靠近，就單腳一下抬起一下放下地坐立難安。這是鸚鵡期待接下來有人跟牠玩，因為太高興而靜不下來的狀態。和上下左右搖擺地跳舞（p10）、往左往右來來去去（p17）時的心境一樣。當牠出現這個動作時，只要伸出手，牠就會立刻跳上來，開始遊戲了。

發現快樂的
玩具了！

像同伴又像玩具一樣的

有趣對象。

今天要玩什麼呢？

和同居的動物接觸

意思是…

　　和同居的其他動物之間的關係，要視迎入動物的時期和鸚鵡的性格而異。在習慣各式各樣的人或物的「社會化期」中，如果有和其他動物一起生活的經驗，似乎大多數的鸚鵡都能和該對象熟絡，以和同伴或玩具玩在一起的感覺來逗弄對方。另外，如果是和人長久一起生活、把自己當成是人的鸚鵡，也可能會不把後來才迎進的動物放在眼裡。

　　總而言之，並不建議和原本將鸚鵡做為捕食對象的狗或貓一起飼養。就算平時相親相愛地生活，也可能會在某個時候啟動本能的開關，做出攻擊。不管多麼合得來，還是避免讓牠們同居比較好。

可惡的傢伙！

別管這傢伙了，

和我玩啦！

啄咬手機

意思是…

　　在放鳥時如果一直講電話，鸚鵡就會飛過來啄咬手機！這時牠的心境是「不要和這傢伙玩，和我玩啦！」。遊戲時竭盡全力的鸚鵡，也會要求飼主要全神貫注，因此當牠一感覺自己受到漠視，就無法壓抑內心的焦慮，所以還是好好地面對鸚鵡，度過愛意滿滿的放鳥時間吧！

看不見看不見，哇～

一下跑出來，一下看不見。

好好玩哦！

從隱蔽處探頭探腦地窺視

意思是⋯

　　從隱蔽處探頭探腦地窺視，近似於小嬰兒玩「看不見看不見，哇～」的遊戲。鸚鵡對這種讓對象一下進入視線一下又消失的情形，覺得很有趣，所以會一再重複這樣做。飼主可以配合鸚鵡的動作，忽隱忽現地和牠玩躲貓貓，會讓鸚鵡更高興。

　　另一方面，如果是對初次見面的人或物做出這個舉動的話，則是「沒問題吧？」地提心吊膽窺視的狀態。

該來清理一下了！

一定要注意個人衛生哦！

在棲木上搓磨鳥喙

意思是…

　　飯後在棲木上搓磨鳥喙，是為了去除附在鳥喙上的食物殘渣，加以清理。和理毛一樣，都是清潔修飾的一環。

　　此外，鸚鵡的鳥喙和人的指甲一樣，會反覆進行新陳代謝。搓磨鳥喙也有將老舊物質剝落去除的保養意義在內。

喂！
看這邊嘛！

從剛才就都不理我。

也看看這邊嘛！

咬人的耳朵

意思是…

原因可謂五花八門。可能是「看看這邊嘛！」的自我主張，或是不喜歡飼主的行為而生氣咬人；也可能是因為某個原因造成焦慮不安，亂發脾氣而咬人（p52）。這是因為「咬人」這個行為，是表達自己想法的最快方法。如果快要被咬了，趕快拿出別的東西讓牠咬，使牠的心情冷靜下來也是一個方法。

那裡……

和這裡……

都沒有問題嗎?

每天必做的地盤巡邏。
威脅和平的可疑傢伙
一定要打跑才行。

張開翅膀走來走去

意思是…

　　正在巡邏自己的地盤。張開翅膀是為了要在遇見可疑對象時讓身體顯得較大，以立於優位的關係。

　　鸚鵡本來就是有強烈地盤意識的生物。在野生狀態下，會由複數的配對集結成群，在包含喜歡的採食場和窩巢在內的「地盤」中和平地生活。因為非常愛護伴侶和團體的同伴，因此對地盤也相當執著。會勇於挑戰對地盤有威脅的對象。

　　因為有這樣的習性，和人一起生活的鸚鵡對自己的地盤也會表現出強烈的執著。尤其是地盤意識強烈的鸚鵡，對於自己經常待著的房間自不待言，可能連去過2～3次的場所也會視為自己的地盤，而展開巡邏行動。

閃遠一點啦！

別想對我的
女朋友出手！

看不順眼的傢伙！
搞得我心浮氣躁的。
趕快走開啦！

嘴巴大大地張開，露出可怕的表情

意思是…

　　對於不喜歡的狀況想採取什麼行動時，或是想要驅趕不順眼的傢伙時，鸚鵡就會把嘴巴張大到可以看見舌頭，做出「怒目相向」的表情，然後慢慢逼近。

　　左圖照片中，中央的雞尾鸚鵡就對同居的虎皮鸚鵡做出這個表情。因為冠羽和身體並沒有太大的變化，因此可以知道不是真的生氣，而是更輕微的情緒。從距離感來看，左方的雞尾鸚鵡應該是牠愛戀的對象，正處在「喂！不要靠近我的女朋友」的情況。

　　當鸚鵡出現「怒目相向」的表情時，大多數的情況都和本例一樣，並不是真的處於激怒中。即便快要真的生氣了，因為鸚鵡發脾氣是屬於瞬間性的，所以只要原因消失就能立刻平息。

不要注視著我⋯⋯

不要那樣看我！

人家會緊張啦！

移開眼睛

意思是⋯

對所有的動物來說，不移開眼睛地正眼相對是在向對方顯示敵意。一直被盯著看，心情會變得不安，甚至會覺得「正被當成目標」。

鸚鵡也不例外。初次見面的人自不待言，甚至連熟悉的飼主也一樣，只要被盯著看就會開始不安，而會移開眼睛以避免進入視野中。

90

有點緊張呢！

目前先到此為止。

請不要再接近了。

坐到手上後背對著人

意思是…

　　這是對於信賴關係還不夠深的對象經常出現的行為。當鸚鵡覺得「坐到手上還在容許範圍裡，但再進一步的肌膚接觸就有點……」的時候，就會背對著你溫和地表示拒絕。在這個階段，想要進一步觸摸或是縮短距離都會讓鸚鵡感到害怕，所以絕對不能勉強。

驚慌失措！

必須趕快逃離這裡才行！

飛去更遠的地方吧！

飛撞玻璃窗

意思是…

　　覺得害怕的鸚鵡，逃走本能會優於思考。因為在野生狀態下，逃走的速度攸關生死，所以只要一感覺危險，就會本能地展開逃走的行動。這個時候，為了更快飛到遠方，可能就會出現想飛到外面而撞上玻璃窗的窘況。由於可能會導致骨折或是腦震盪等意外，所以放鳥時還是拉上窗簾會比較安心。

這是什麼呢？
好好玩哦！

很適合打發無聊時間。
快樂到完全忘我喲！

啄咬東西

意思是…

啄咬是鳥喙的保養，也是遊戲。報紙啦、椅背啦、柱子等等……鸚鵡啄咬身邊的東西，多多少少也有想要確定它到底是什麼東西的心情。也有些鸚鵡是因為啄咬物品時發現飼主的反應很有趣，想要受到飼主的注意而啄咬的。只是，也有可能會變成築巢行為，所以若是容易發情的鸚鵡，還是要注意才行。

貼心專欄 3

不管是感情多麼親密的鸚鵡，緊急時還是會逃之夭夭？

　　飼養鸚鵡最悲傷的事故之一，就是一不注意就被鸚鵡逃走了。放鳥時緊關門窗，小心注意是最重要的。有些人以為剪羽（修剪部分飛行羽，使其飛行能力降低）過就不會有問題，其實就算剪羽過，鸚鵡還是可能會乘風飛走，所以無法這樣就安心。

　　還有，不管是多麼親近飼主的鸚鵡，也不保證就不會逃走。鸚鵡屬於被捕食的獵物，所以擁有膽小又謹慎的一面，具有一感受到生命危險，就會想都不想先逃再說的習性。在房間中受到驚嚇或是感到害怕的鸚鵡，滿腦子都是要趕快逃得越遠越好這件事。這時候如果窗戶開著，牠當然會逃到外面去。

膽小鸚鵡的基本心理是？

雖然依性格多少有些差異，不過大部分的鸚鵡都有
為一點小事就感到害怕、容易不安的一面。

膽小加上 強烈的不安	一有事情 先逃再說	看不到同伴 會變得不安
由於鸚鵡在野生下是被捕食的獵物，所以對於威脅性命的存在會非常敏感。	出於自保的本能，一感到危機就會立刻逃走。	因為有群體生活的習性，若是被獨自丟下會感到極度不安。

萬一鸚鵡逃走了，該怎麼辦才好？

鸚鵡逃走後，如果經過一段時間回過神來，
能夠注意到飼主的存在的話，就可能會回來。

剛剛逃走後還處於
恐慌狀態

剛剛逃走的鸚鵡，還處於
恐懼所導致的混亂狀態
中。由於正竭盡全力逃往
更遠的地方，所以聽不見
飼主的聲音。

一邊呼喚名字
往逃走的方向追

呼喚鸚鵡的名字，一邊讓牠明白飼主
的所在，一邊追上去。大部分的鸚
鵡，逃出後都會在數十～數百公尺的
地方先停下來。若是在那裡聽到飼主
的聲音，就可以鎖定聲音的來源。

聽到聲音
帶來冷靜的判斷

就算回不來，只要聽到飼主的聲音，
鸚鵡的不安也會減少。總之牠會先飛
往有人聲的方向，也許會成為被民眾
拾獲的契機。

如此仍然找不到時…
前往附近的多所警察局和市（區）公所、動物醫院、網站等通報協尋。
只要鸚鵡在任何一處受到保護，能夠重逢的機率就變高了。

比較容易吃呀！

因為用腳拿到嘴邊

比較容易吃啦！

用腳抓東西來吃

意思是…

　　鸚鵡的腳趾是前後各2根的「對趾型」。和麻雀等的「三趾向前型」（前3根、後1根的腳趾）相比，是比較容易抓住東西的構造，因此用腳抓應該是比較能夠固定、方便進食的吧！尤其大型鸚鵡更是擅長抓取。另一方面，虎皮鸚鵡或雞尾鸚鵡等小型鸚鵡，就似乎是有的擅長，有的不擅長了。

嗯？那是什麼？

那個好像很有趣呢！

靠近一點看看吧！

意思是⋯

用力探出身體

在牠探出身體的方向那邊好像有好玩的東西，是顯示興趣時的行為。鸚鵡本來就是警戒心很強的動物，所以對於搞不明白的對象是不會想要靠近的，甚至連看都不看。像上圖照片般用力伸長脖子盯著看時，可以知道牠是對目標物非常有興趣的。

蓬鬆柔軟好安心～

感覺舒服又可以探險，

我最喜歡了。

包在毛巾裡就很高興

　　鸚鵡被鬆軟的毛巾包住，就像人裹在毯子裡會感到放鬆一樣，也會覺得很舒服。還有，在變得像地洞般的毛巾裡，可能會忘我地玩起「裡面會有什麼呢？」的探險遊戲。只不過，也可能會發生將毛巾視為窩巢而變得容易發情的情況，所以若是發現鸚鵡過於執著的話，就要減少用毛巾玩遊戲。

下雨啊……

天氣也不好，
今天就乖乖待著吧！

下雨天就變得溫順

意思是…

　　一下雨，就有很多鸚鵡會比平常沒勁、變得溫順乖巧。也可能會一邊自言自語，一邊打起瞌睡。尤其是生於乾燥地帶的虎皮鸚鵡和雞尾鸚鵡，更是具有這種傾向。

　　不過，生於熱帶雨林的追錐尾鸚鵡和白腹凱克鸚鵡，在下雨天時反而會更有活力。

心血來潮就舔一舔。

這個味道、氣味，我還滿喜歡的呢！

舔人的手

鸚鵡舔人的手，大部分都是在享受人手上沾附的味道或氣味的行為，沒有特別的意思，只是遊戲的一環罷了，而且通常是心血來潮時稍微舔舔看而已。

只是，過於頻繁地持續舔舐時，也可能是因為礦物質不足等的關係。所以請給予營養均衡的飲食。

讓我們來搖擺！

怎麼樣啊？這個節奏。

動感又歡樂吧？

用鳥喙敲打出聲音

　　用鳥喙敲打棲木或鳥籠，發出叩叩鏘鏘的聲音，這是遊戲的一種。因為聲音很大，所以飼主往往會擔心「是在生氣嗎？」，其實鸚鵡本身是非常高興的。因為覺得發出的聲音和敲打時鳥喙的觸感很有趣，所以會反覆這樣玩。飼主不妨也弄出叩叩的敲打聲，試著跟牠一起表演吧！

大家一起最安心！

同樣的時間、場所、遊戲。
跟大家一起就覺得安心呢！

全都採取相同的行動

意思是…

　　鸚鵡非常喜歡和同伴在一起做同樣的事，這是源自於群體生活的習性。感情融洽的鸚鵡同伴們會一起遊戲或是吃零食，藉由共同擁有時間、場所和行動，可以安心自在地過活。

　　就算對象是飼主也可以說是一樣的。飼主吃飯時，鸚鵡也會吃飯；飼主午睡時，鸚鵡也會午睡，就像這樣，牠們會想和飼主採取相同的行動。

喔喔 ♪

啾、啾！

喔，那是什麼！？
呼～興奮又期待呢～

「啾、啾」地叫

意思是…

　　這是高興到興奮高漲而不自覺發出的自言自語般的聲音。不同於愛的呼喚或喊叫這種向對象訴求的「鳥囀」，是屬於無意識下發出的「日常鳴叫」的一種。這個時候的鸚鵡，是處在發現新玩具或新遊戲等，使得好奇心受到刺激而非常興奮期待的狀態。

那是什麼呢？

那個到底是什麼？

不看個仔細就放心不下。

盯著一點看

意思是…

鸚鵡的眼睛很好，就連空中飛舞的小灰塵或蟲子等人類看不見的東西，牠們也能夠確實對焦進行觀察。當牠發現某樣在意的東西而用眼睛緊盯著看時，在人看來就像是在凝視著什麼都沒有的空間一樣。這時，鸚鵡在心情上也是充滿好奇心的快樂片刻。請在一旁靜靜地守護牠吧！

好興奮呀～♥

啊，我最喜歡你了～！
忍不住想摩擦摩擦。

磨蹭臀部

意思是…

　　這是常見於雄鳥的發情行為。鸚鵡的發情期本來是1年大約2次，不過被人飼養的鸚鵡，因為在日照時間和溫度都完備的環境下生活，所以有容易發情的傾向。沒有對象的時候，飼主的手、腳、棲木、揉成團的面紙、鏡子等各式各樣的東西都會成為戀愛的對象。過度發情會招致疾病，所以必須擬定對策（p107）才行。

撕開紙張插在腰上。是在做什麼？

又啄 又咬

完成了！

要搬過去囉！

快到育兒的時期了。
要趕快撕紙，
蒐集巢材才行。

撕開紙張插在腰上

意思是…

　　這是可見於桃面愛情鳥雌鳥的獨特發情行為。為了尋找築巢所需的材料，將紙類撕咬細碎後插在腰上，到處收集。雖然鸚鵡平常就喜歡玩撕紙的遊戲，不過到了發情期時，次數會大幅倍增。

　　雖然看起來可愛，但是過度發情會招致卵阻塞等疾病。飼主最好要注意鸚鵡的生活環境，調整發情的節奏。重點在於會成為鸚鵡戀愛對象的東西、會成為巢材的東西、會讓牠築巢的場所都不可過度完美。另外，可以完全安心度過的環境也可能會誘發發情，所以定期改變籠子的場所或環境，避免過度保溫，給予變化地巧妙利用壓力等，也可以抑制鸚鵡的發情。

好安心哪～

這裡是可以緊貼著飼主，
微暗又能安心的場所。

鑽進人的兩腳之間

意思是…

　　一般認為這是出自於想要更貼近最喜歡的同伴・飼主的心情，
以及鑽進昏暗狹窄處就能感到安心的心情，才會採取這樣的行為。
尤其常見於雛鳥。另一方面，如果是成鳥的雌鳥，這麼做可能會導
致伏窩行為，成為發情的開端，所以還是不要隨便讓牠鑽入比較
好。

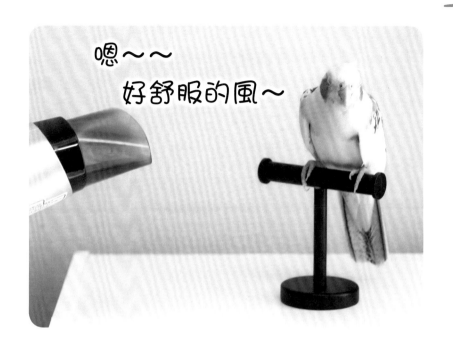

嗯～～
好舒服的風～

吹過來的風非常爽快，
不由得想要多吹幾下。

吹到吹風機的風就很高興

　　對於在室內生活的鸚鵡來說，日常中很少有吹到風的機會。或許是因為這個緣故，似乎大多數的鸚鵡都很喜歡吹風，一吹到吹風機的風就會很舒服地靜止不動，或是會抬起翅膀享受其中。讓牠做「風浴」的時候，請從稍遠處開始用微風進行，不可強迫，以免對鸚鵡造成負擔。

探險、探險！

這裡面有什麼呢？

真的很想知道呢！

鑽進狹窄處

意思是…

　　好奇心旺盛的鸚鵡，最喜歡玩探險遊戲了。牠們會鑽進家具隙縫等狹窄處，想要確定裡面有什麼東西。還有，微暗的狹窄處也是可以安心的休息地點。上圖照片中的鸚鵡非常喜歡衛生紙的筒芯，有時會套著四處走動，甚至是在裡面打起盹來。這大概是在探險玩耍的過程中，逐漸變成了牠最喜歡的場所吧！

跟我說說話嘛！

什麼？你在說什麼呢？
我想聽得更清楚一點！

將臉靠近人的嘴邊

意思是…

　　這是將臉靠近正在說話的飼主嘴邊，安靜聆聽的動作。因為能待在最喜歡的人身邊而心情愉快，同時也是處於專注聆聽飼主聲音的狀態。這種情形常出現在說話訓練中，好像在說「再多說一點嘛！」地將鳥喙貼近過來，也有些鸚鵡會用「尊敬」的眼神注視飼主。

閃亮亮的讓人在意～

這個會發光的東西是什麼！？

實在好吸引人呢！

玩弄眼鏡

意思是…

　　鸚鵡有對飾品或髮夾、鈕釦等會反光的東西感興趣的習性。眼鏡也是其中之一。只是，感興趣的對象未必是喜愛的對象，是「非常喜歡！」還是「要狠狠幹掉它！」，就依鸚鵡而異了。也可能是覺得戳弄眼鏡時飼主慌慌張張想要制止的反應很有趣的關係。

你好！

嗨！你好呀！
同伴間的招呼很重要。

擺動尾羽

意思是…

　　對於擁有團體生活習性的鸚鵡來說，和同伴之間的「和諧相處」非常重要。因此鸚鵡會連續快速地上下擺動尾羽，來和同居的夥伴打招呼。然後是面對面地互相寒暄，互相傳達彼此沒有敵意和恐懼的友好感情。鸚鵡對於認定為同伴的飼主也會用同樣的動作來打招呼。

因為不中意啦！

這實在太讓人生氣了！
看我怎麼對付你——！！

把飼料全灑出來

意思是…

把顆粒飼料或種籽在周圍亂灑一通，大多數的情況都是鸚鵡的遷怒行為（p52）之一。當發生了什麼讓牠生氣的事，心情無法平復時，如果剛好又到了吃飯時間，鸚鵡就會放任焦慮的心情，把食物全部灑出來。也有些鸚鵡是單純以灑落飼料為樂，或是覺得飼主幫忙撿回的舉動很有趣，而會反覆這樣做。

都只跟你玩……
太過份了！

人家也想玩啊！

不公平啦！

一和同居的鸚鵡玩牠就會生氣

對於和飼主關係緊密、認為飼主是伴侶的鸚鵡來說，同居的鸚鵡是愛情路上的阻撓者。當牠無法獨佔飼主的愛時，心中的焦躁就會到達頂點。嫉妒心的表現方法形形色色，可能會將怒氣發洩在同居鸚鵡身上，也可能會遷怒飼主。上圖照片是屬於前者的類型。正在對同居的鸚鵡抱怨不公平的模樣。

人家還想玩⋯⋯

一定要回去嗎？

怎麼辦才好呢～

不管是那裡還是這裡，

都是我的住處。

我才不想回到狹窄

又無聊的籠子裡呢！

不想回到籠子裡

意思是…

籠子裡原本是能夠安心放鬆的地方。在放鳥時間充分遊戲後，鸚鵡就會回到籠子裡休息。但是，如果放鳥時間過長，或是鸚鵡的地盤意識強烈的話，就會有將整個房間都當成自己住處的傾向。對這樣的鸚鵡來説，籠子只是窄小又無趣的地方。萬一牠敏感地察覺飼主想要帶牠回去，可能就會從手上逃掉，或是不從高處飛下來。就算來到入口處，也會「怎麼辦才好呢～」地猶豫不決，遲遲不想進去。

如果鸚鵡能夠理解在籠中度過的意義和樂趣，就不會討厭回籠這件事了。確實決定好放鳥時間，用點心思在籠子裡放入牠喜愛的玩具，或是配合回籠的時間放入牠最喜歡的零食吧！

呼啊〜

想睡到

打呵欠啦……

肚子飽飽的，也沒有危險，

在滿足的心情下

變得想睡了……

眼睛快要張不開了啦！

「呼啊～」地大大張開嘴巴

意思是…

在放鬆時刻出現的呵欠——例如充分玩耍後，肚子也填飽的午睡時間等——大多是因為想睡了。這時羽毛會蓬鬆地鼓起，眼睛也顯得惺忪，看起來真的很想睡。

另一方面，像是和陌生人接觸的時候，如果頻頻打呵欠就是因為緊張。這是想讓自己的心情沉穩下來的無意識行為。這個時候的鸚鵡身體會變得細長，眼睛也會張大，顯得惶惶不安。另外，因為某些疾病而造成喉嚨不適時，也可能會打呵欠。

順便一提，如果雞尾鸚鵡的臉頰部分被信任的飼主搔撓，在出現舒服到忘我的表情後，也有很高的機率會打起呵欠。

差不多該睡了～

喀哩
喀哩

今天一整天也很滿足。

磨磨鳥喙，準備睡覺吧！

睡覺前發出「喀哩喀哩」的聲音

意思是…

「喀哩喀哩」的聲音，是上下鳥喙互相摩擦的聲音。這是鸚鵡感到滿足、安心就寢前的準備作業，就如同人類的「刷牙」一樣。鸚鵡的鳥喙，下側末端是尖銳的，上下互相摩擦就是在研磨這個部分。如果聽到這個聲音，就是「要睡覺了喲！」的信號。請為牠準備能一夜好眠的環境吧！

前往夢的世界……

恍恍惚惚地淺眠。

正在做夢呢！

睡覺時嘟嘟噥噥的

意思是…

睡覺時嘟嘟噥噥地說著的是「夢話」。一般認為鸚鵡也和人一樣，在淺眠的時候會做夢。所以，有時候看牠在棲木上睡著了，結果卻睡得迷迷糊糊差點掉下來而慌張地拍動翅膀，這時可能是突然從夢中驚醒而開始抖動牠的身體。鸚鵡在這方面的行為舉止，實在和人非常相似。

因為可以安心睡呀～

沒有敵人也沒有不安。

這下可以安心睡覺了。

趴在地上睡覺

意思是…

　　鸚鵡一般都是以停在棲木上的姿勢睡覺的。這種危急時隨時都可以逃走的姿勢，對於身為被捕食的獵物的鸚鵡來說是很合理的。因為有這樣的習性，所以很少看到牠們趴在地上睡覺，但如果生活在可以安心的飼育下的環境中，就有可能像這樣以毫無防備的姿勢入睡。

酣睡～

熟睡中。

請安靜⋯⋯

把臉埋在翅膀中睡覺

　　把臉埋入翅膀中的姿勢，是熟睡時的模式。基本上鸚鵡的睡眠屬於淺眠，不過生活在飼養環境下受人保護的鸚鵡，經常有熟睡的深沉睡眠。這是沒有任何需要掛心的事、能夠打從內心安穩沉睡的狀態。請避免打擾牠睡覺，靜靜地在一旁守護牠吧！

索引

🐦 動作．舉止

🐦 鳴叫．說話

和飼主或其他人的接觸

和同居鸚鵡或寵物的接觸

貼心專欄

〈參考文獻〉
『インコ芸＆おしゃべりレッスンBOOK』芸達者インコ研究会編（日東書院）
『インコの心理がわかる本』細川博昭著（誠文堂新光社）
『うちのインコ』コンパニオンバード編集部編（誠文堂新光社）
『コンパニオンバード百科』コンパニオンバード編集部編（誠文堂新光社）
『ザ・インコ＆オウム　コンパニオンバードとの楽しい暮らし方』磯崎哲也著（誠文堂新光社）
『幸せなインコの育て方・暮らし方』磯崎哲也著（大泉書店）

監修

濱本麻衣

Ebisu Bird Clinic MAI（惠比壽 小動物
與小鳥的醫院）院長。酪農學園大學
・獸醫系畢業。在東京大學動物醫療
中心擔任2年的研修醫生後，於橫濱的
鳥類醫院任職獸醫師3年。2005年在東
京澀谷區開業。對鳥類的深厚知識和
精確的親身診療頗受好評。

Ebisu Bird Clinic MAI
（惠比壽 小動物與小鳥的醫院）
http://ebis-bird.com/

日文原著工作人員

編輯：さいとうあずみ
照片：蜂巢文香
設計：下井英二（HOTART）

關於本書中登場的鳥種
....
做為伴侶鳥最常見的「鸚形目」鳥兒，大致
可分為「鸚鵡科」和「鳳頭鸚鵡科」2種。
本書主要介紹「鸚鵡科」鳥兒的行為。有冠
羽的雞尾鸚鵡雖然是分類在「鳳頭鸚鵡科」
中，但因為飼養隻數眾多，所以本書也有做
介紹。

國家圖書館出版品預行編目資料

鸚鵡的肢體語言超好懂！/ 濱本麻衣監修；彭春美譯.
-- 二版. -- 新北市：漢欣文化, 2019.08
128面；21x15公分. --（動物星球；11）
ISBN 978-957-686-781-1(平裝)

1.鸚鵡 2.寵物飼養

437.794   108011611

動物星球 11

鸚鵡的肢體語言超好懂！（暢銷版）

監　　修 / 濱本麻衣
譯　　者 / 彭春美
出　版　者 / **漢欣文化事業有限公司**
地　　址 / 新北市板橋區板新路206號3樓
電　　話 / 02-8953-9611
傳　　真 / 02-8952-4084
郵 撥 帳 號 / 05837599 漢欣文化事業有限公司
電 子 郵 件 / hsbookse@gmail.com
二 版 一 刷 / 2019年8月

本書如有缺頁、破損或裝訂錯誤，請寄回更換

INKO GO KAIWACHO INKO NO KOTOBA WO SIMPLE NI RIKAI
SURU TAME NO PHOTO BOOK
© Seibundo Shinkosha Publishing Co., Ltd. 2015
Originally published in Japan in 2015 by Seibundo Shinkosha
Publishing Co., Ltd.
Chinese translation rights arranged through TOHAN CORPORATION,
TOKYO.
and Keio Cultural Enterprise Co., Ltd.